SUR

LES PROCÉDÉS PROPRES

A DÉCELER

LA PRÉSENCE DU GRISOU

DANS L'ATMOSPHÈRE DES MINES

IMPRIMERIE C. MARPON ET E. FLAMMARION
RUE RACINE, 26, A PARIS.

SUR

LES PROCÉDÉS PROPRES

A DÉCELER

LA PRÉSENCE DU GRISOU

DANS L'ATMOSPHÈRE DES MINES

PAR

MM. MALLARD et LE CHATELIER

Ingénieurs des Mines.

Extrait des *Pièces annexées aux procès-verbaux des séances de la Commission du Grisou.*

PARIS

IMPRIMERIE C. MARPON ET E. FLAMMARION

26, RUE RACINE, 26

1882

SUR LES PROCÉDÉS PROPRES

A DÉCELER

LA PRÉSENCE DU GRISOU

DANS L'ATMOSPHÈRE DES MINES

Par MM. MALLARD et LE CHATELIER, ingénieurs des mines.

La Commission du grisou nous a fait l'honneur de nous charger d'un certain nombre d'études expérimentales, au nombre desquelles se trouve celle des moyens propres à annoncer au mineur la présence du gaz explosif. Nous nous proposons, dans ce travail, d'exposer sommairement les faits acquis actuellement sur ce point à l'art des mines, en y ajoutant les résultats de nos propres observations.

Pour reconnaître la présence du grisou dans l'air on peut utiliser :

1° Les procédés chimiques ;

2° Les propriétés physiques du grisou ;

3° Le mode d'inflammation des mélanges d'air et de grisou.

Nous passerons successivement en revue ces trois modes d'exploration.

I. — Procédés chimiques.

Les agents chimiques permettant de reconnaître le grisou sont peu nombreux. L'oxygène libre ou combiné est à peu près le seul réactif qui puisse l'attaquer, et encore l'intervention d'une température suffisamment élevée est-elle nécessaire. La combustion du grisou par l'oxygène produit de l'eau et de l'acide carbonique suivant la formule :

$$C^2H^4 + 8\,O = 4\,HO + 2\,CO^2$$

Volumes : 4 8 8 4

Cette combustion est suivie d'une diminution de volume du mélange gazeux occasionnée par la condensation de la vapeur d'eau. Cette contraction est égale au double du volume de grisou brûlé ; elle devient égale au triple quand on absorbe l'acide carbonique par la potasse.

M. **Coquillion** a proposé un appareil fondé sur ce principe pour reconnaître la présence du grisou dans l'atmosphère des mines et mesurer sa proportion. La combustion est déterminée par l'influence d'un fil de palladium porté au rouge blanc au moyen d'un courant électrique. L'appareil consiste en un tube en verre gradué, fermé par un bouchon de caoutchouc ; on y introduit l'air de la mine, on fait rougir quelques instants le fil, on laisse refroidir, puis on mesure la diminution de volume. En divisant le nombre trouvé par deux on a la proportion du grisou contenu dans l'air.

Ce procédé n'a jamais donné des résultats très satisfaisants, même entre les mains de l'inventeur. Il accuse toujours des proportions trop faibles de gaz. Il serait vraisemblablement susceptible de perfectionnement, car M. Coquillion a construit sur le même principe un appareil de laboratoire qui donne de bons résultats quand il est convenablement employé. Mais l'appareil portatif présente des inconvénients d'un autre ordre qui suffiraient à eux seuls pour s'opposer à son emploi. Chaque opération est assez longue, demande une dizaine de minutes environ ; il faut, outre l'appareil, emporter avec soi une pile énergique, par suite pesante et volumineuse. En un mot, il faut faire dans la mine une analyse chimique avec toutes les complications qu'entraînent les opérations de cette nature. Il ne semble donc pas qu'un appareil de ce genre puisse jamais entrer dans la pratique courante.

II. — Propriétés physiques.

1° *Appareil Ansell.*

On a proposé d'utiliser, pour déceler la présence du grisou, le phénomène de la diffusion à travers un corps poreux. On sait en effet que, lorsqu'un corps poreux, comme une plaque de biscuit de porcelaine, sépare deux espaces, l'un occupé par de l'air et l'autre par un mélange d'air et de grisou, la pression étant d'abord la même de part et d'autre, croît dans le premier espace et atteint un maximum, pour revenir ensuite à sa valeur première. L'augmentation de pression, au moment du maximum, est à peu près proportionnelle à la teneur en grisou du mélange gazeux contenu dans le second espace.

M. **Ansell**, vers 1868, a construit un appareil fondé sur ce principe et qui consiste en un baromètre métallique fermé en dessous par une plaque de biscuit. La plaque, recouverte par un couvercle métallique, est découverte au moment de l'observation, et l'on note l'augmentation de pression causée par l'appareil. Malheureusement, ce curieux instrument est peu sensible, car il n'accuse qu'une augmentation de pression d'un peu plus de $0^{mm},2$ de mercure pour une proportion de grisou égale à 1 p. 100. Les indications sont d'ailleurs exposées à être faussées par la présence de l'acide carbonique, qui exerce une influence de sens contraire à celle du grisou, et par celle de la vapeur d'eau qui agit dans le même sens que le grisou. De plus on ne peut, avec cet appareil, faire plus d'une observation, et l'on est obligé de le reporter chaque fois dans une atmosphère pure. C'est donc avec juste raison que l'appareil de M. Ansell n'est pas entré dans la pratique des mines.

M. Ansell avait proposé de transformer son appareil en un avertisseur permanent.

Un petit manomètre à mercure était fermé d'un côté par une plaque poreuse; la branche ouverte recevait une pointe métallique dont l'extrémité inférieure était maintenue à une distance convenable de la surface liquide. Dès que la proportion de grisou devenait suffisamment grande, le mercure se soulevait assez dans la branche ouverte du manomètre pour venir rencontrer la pointe métallique et fermer un circuit électrique qui mettait un timbre en mouvement.

L'appareil ainsi disposé est fondé sur une idée inexacte du phénomène de la diffusion. Il fonctionnerait régulièrement si, plongé dans l'air pur, il venait brusquement à être enveloppé par de l'air contaminé. Il ne fonctionnerait pas du tout, au contraire, si, comme il arrive le plus souvent, le grisou se mélangeait lentement à l'air qui environne l'appareil. Supposons, par exemple, que les choses soient disposées pour que la sonnerie soit mise en mouvement lorsque la proportion de grisou sera portée à 5 p. 100. Si l'air vient à se charger d'abord de 3 p. 100 de gaz, il se produira temporairement une augmentation de pression impuissante à fermer le circuit; puis l'équilibre de composition s'établira entre l'extérieur et l'espace clos par la plaque poreuse, et la colonne mercurielle retombera à sa position initiale. Qu'une nouvelle quantité de grisou égale à 2 p. 100 vienne alors s'ajouter à la première en donnant une proportion totale de 5 p. 100, il se produira une augmentation de pression en rapport avec la différence de composition du gaz extérieur, différence qui n'est que de 2 p. 100, et cette augmentation de pression sera encore impuissante à fermer le circuit. On se trouvera donc dans une atmosphère chargée de 5 p. 100 de gaz sans que l'avertisseur ait fonctionné.

2° *Appareil de M. Forbes* (*).

M. **Forbes** a pensé à utiliser la diminution de densit que le grisou fait subir à l'air auquel il est mélangé. Il mesure la densité de l'air en mesurant la vitesse avec laquelle il transmet le son, et cette vitesse elle-même est appréciée au moyen d'un appareil très portatif et très ingénieux en soi. Il se compose d'un tube fermé à un bout par un piston mobile; au-dessus de l'autre bout qui reste ouvert sont disposées les extrémités des lames d'un diapason que l'on met en vibration. Les vibrations sont renforcées et deviennent perceptibles à l'oreille lorsque la longueur de la colonne d'air du tube correspond au son que rend le diapason, et cette longueur change lorsque la densité de l'air est modifiée. On enfonce donc le piston jusqu'à ce que les vibrations soient perçues avec la plus grande intensité possible; la quantité dont on est obligé d'enfoncer plus ou moins le piston est indiquée sur un cadran divisé et peut servir à montrer les variations de densité de l'air.

Ces variations de densité ne sont exactement en rapport avec la quantité de grisou mélangée que si la température et la pression de l'air restent les mêmes. Un thermomètre est fixé à l'appareil pour faire la correction relative à la température, mais l'auteur ne parle pas de celle qui se rapporterait à la pression.

Une autre cause d'erreur est la présence de l'acide carbonique; M. Forbes pense que l'acide carbonique diminuant le pouvoir explosif du grisou, les indications de son appareil pourront suffire dans tous les cas, puisqu'elles indiquent tout au moins le pouvoir explosif du mélange gazeux.

Cette assertion est fort discutable, mais on a fait remar-

(*) North of England Institute of mining Engineers. Transactions, vol. XXIX, 1880, p. 171.

*

quer en outre avec raison qu'il y avait un grand intérêt à connaître la quantité absolue de grisou contenue dans l'air.

L'appareil de M. Forbes est un instrument de physique dont on aurait évidemment bien peu à attendre entre les mains d'un personnel peu habitué aux expériences de précision. L'instrument est au surplus très critiquable au point de vue purement scientifique, car les corrections qu'on serait obligé de faire à l'observation, pour tenir compte des variations de température et de pression, seraient la plupart du temps très supérieures à la quantité à mesurer, ce qui enlèverait toute exactitude aux mesures.

3° *Appareil de M. Liveing.*

Peut-être peut-on ranger parmi les phénomènes physiques indicateurs du grisou celui qui a été signalé récemment par M. **Liveing**, quoiqu'il mette en jeu la combustibilité du gaz.

M. Liveing propose de disposer, l'un à côté de l'autre, deux fils fins de platine, l'un enfermé dans une capacité close et remplie d'air pur, l'autre plongé dans l'atmosphère même de la mine. On fait passer dans les deux fils un même courant électrique; le fil non protégé rougit beaucoup plus que l'autre si l'air de la mine contient du grisou, parce qu'il détermine une inflammation du gaz. Cette inflammation reste confinée au contact si la proportion de grisou est faible; elle pourrait se propager dans toute la masse si la proportion de gaz était suffisante; il faut donc placer le tout dans une lampe de sûreté.

M. Liveing annonce pouvoir constater la présence de 1/2 p. 100 de gaz. Grâce au bienveillant intermédiaire de M. Warington Smyth, nous avons prié M. Liveing de nous donner les indications nécessaires pour que nous puissions nous procurer son appareil. Il nous a répondu que la disposition n'en était point encore complètement arrêtée.

Il faut donc attendre le résultat des essais de M. Liveing. Nous pensons cependant qu'il rencontrera de grandes difficultés pour donner à son idée très ingénieuse une forme sérieusement pratique. La nécessité de transporter une pile énergique, la difficulté de rendre appréciable, pour le personnel ordinaire de surveillance, une faible différence d'éclat entre deux fils métalliques, nous semblent de très sérieux obstacles. Nous ne pouvons que souhaiter vivement que M. Liveing parvienne à les surmonter.

4° Appareil de M. Angus Smith.

M. **Angus Smith** a récemment proposé l'emploi d'un petit appareil consistant en une sorte de briquet à air contenant de la mousse de platine. D'après lui, la chaleur produite par la compression suffit à rendre la mousse incandescente dans un air tenant du grisou. L'auteur annonce qu'on peut constater ainsi 5 p. 100 de grisou dans l'air. Nous verrons plus loin que les indications données par la flamme de la lampe suffisent, à bien moins de frais, à constater la même proportion.

L'appareil de M. Angus Smith aurait d'ailleurs le grave inconvénient de ne pas rester comparable à lui-même, cause de l'altération que subit toujours la mousse de platine au bout d'un certain temps.

III. — Indications données par l'examen de la flamme de la lampe.

C'est en examinant attentivement la flamme de sa lampe que le mineur arrive ordinairement à reconnaître la présence du grisou dans l'atmosphère qui l'enveloppe. Ce procédé, sans doute fort ancien, nous paraît, à tout prendre, le meilleur, et nous nous sommes attachés à en faire l'étude.

Il n'est peut-être pas inutile de décrire l'appareil qui a

servi à nos observations, quelque simple qu'il soit. Nous croyons, en effet, qu'il serait extrêmement utile que nos expériences pussent être répétées par les ingénieurs chargés de diriger des mines grisouteuses en présence des ouvriers et surtout des maîtres-mineurs. Il s'en faut, en effet, que tous les ouvriers, dans toutes les mines, soient également expérimentés dans l'art de reconnaître le grisou à l'aide de

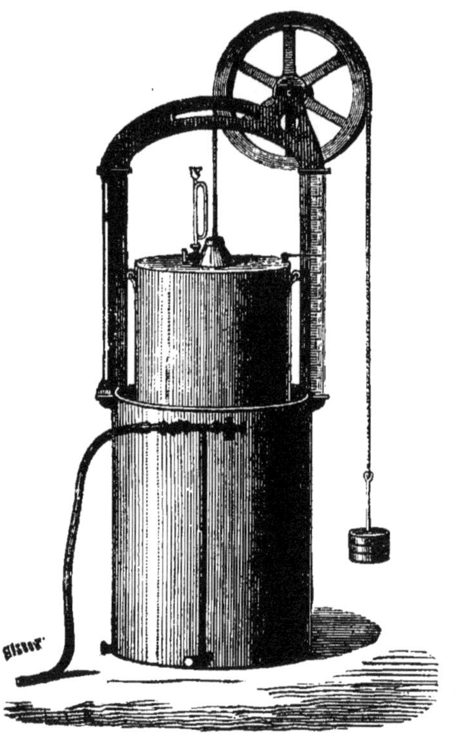

Fig. 1.

la lampe, et ceux qui sont le plus habiles sous ce rapport auraient encore beaucoup à apprendre en voyant se produire sous leurs yeux les modifications apportées dans la flamme par des proportions bien connues de grisou.

Nous employons un petit gazomètre (*fig.* 1) dont la cloche, renversée sur l'eau, est équilibrée par un contrepoids formé de rondelles mobiles en plomb. Elle contient 70 litres de gaz environ. La partie supérieure de la cloche porte un index qui se meut le long d'une échelle verticale divisée en litres, de telle sorte qu'on lit directement sur cette échelle le volume de gaz introduit. En se guidant d'après les indications de cette échelle, on prépare, sous la cloche, le mélange avec lequel on désire opérer. Il suffit, après avoir introduit le gaz combustible, de faire entrer

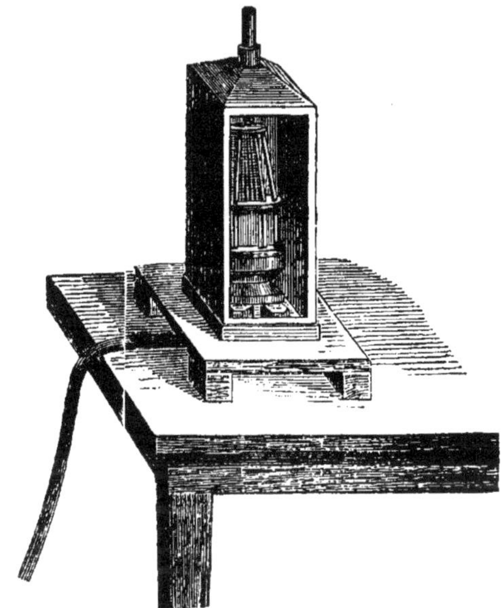

Fig. 2.

l'air le plus rapidement possible pour opérer, dans l'intérieur de la cloche, un brassage suffisant des deux gaz.

Nous nous sommes servis de gaz hydrogène protocarboné préparé par la distillation de l'acétate de soude. Pour les mélanges peu combustibles les phénomènes sont presque les mêmes, à proportions égales de gaz, en substituant le gaz d'éclairage à l'hydrogène protocarboné. Avec des mélanges plus combustibles, il faut une proportion de gaz d'éclairage plus grande pour produire les mêmes phénomènes.

Le mélange gazeux formé dans la cloche est conduit, par un tube en caoutchouc, à la partie inférieure d'une sorte de petite cage vitrée, assez largement ouverte à la partie supérieure (*fig.* 2). Dans cette cage, et soutenue par des tasseaux de manière à laisser libre l'arrivée du gaz, on place la lampe soumise à l'essai. La partie supérieure de la cage peut d'ailleurs s'enlever aisément, et l'on en coiffe comme d'une cloche la lampe au moment de l'observation. Il est très utile de ménager au-dessous de la lampe un petit orifice par lequel on fait passer, à frottement, la petite tige qui manœuvre la mèche de manière à la faire saillir au dehors. Il convient, en effet, que l'on puisse manœuvrer la mèche lorsqu'elle est plongée dans le mélange gazeux.

Les choses ainsi disposées, on règle le contrepoids de la cloche du gazomètre de manière à faire passer dans la cage une quantité de gaz égale à environ 150 centimètres cubes par seconde. En se tenant au-dessous de ce nombre on s'exposerait à ne pas chasser efficacement, au fur et à mesure de leur production, les gaz provenant de la combustion.

Les observations doivent être faites dans l'obscurité, et il est bon de noircir les parois intérieures de la cage qui contient la lampe.

Les modifications apportées par la présence du grisou, dans l'allure normale de la flamme de la lampe, sont de deux natures :

1° La flamme s'allonge et devient fuligineuse ;

2° La flamme s'entoure d'une flamme bleuâtre que l'on désigne souvent sous le nom d'auréole et qui est due à la combustion du grisou.

Nous étudierons successivement ces deux phénomènes :

1° *Allongement de la flamme.*

Cet allongement est dû à ce que la zone qui enveloppe la flamme, au lieu d'être formée par de l'air pur, l'est par un mélange d'air et de grisou en combustion. La proportion d'oxygène libre dans cette zone s'abaisse ainsi beaucoup, et il faut que le volume de la flamme s'accroisse, afin que celle-ci reçoive, par sa surface, la quantité d'oxygène nécessaire pour brûler les produits combustibles que fournit la mèche. Le grisou d'ailleurs n'agit pas seulement par le volume qu'il occupe, et qui diminue d'autant celui de l'air propre à entretenir la combustion ; il agit encore en s'emparant, pour brûler, d'un volume d'oxygène double et, par conséquent, d'un volume d'air sextuple du sien. Nous avons constaté, en effet, que quelques millièmes de grisou dans l'air suffisent à allonger la flamme, tandis qu'une proportion d'acide carbonique égale à 3 ou 4 p. 100 ne produit presque aucun effet appréciable.

Voici maintenant les observations faites :

PROPORTION de grisou pour 1 de mélange.	LAMPE DAVY.	LAMPE MUESELER.
0,04	Allongement de 20 millim.	La flamme s'engage dans le cône de 10 à 15 millim. environ.
0,03	Allongement de 10 millim.	La flamme s'engage fortement dans le cône.
0,015	Allongement de 3 à 4 millim. . . .	Même allongement que pour la lampe Davy.
0,0075	Allongement de 1 à 2 millim. . . .	Idem.
0,0033	Allongement difficile à apprécier et à affirmer à cause de manque de point de repère fixe.	Allongement très faible, mais appréciable, grâce au point de repère fixe fourni par la base du cône.

Avec la lampe Davy, la flamme était réglée dans l'air pur à 27^{mm} de longueur environ ; avec la lampe Muesler, on faisait affleurer la pointe supérieure de la flamme au plan de l'orifice inférieur du cône qui sert de cheminée.

Comme on le voit, les indications fournies par l'allongement de la flamme sont extrêmement sensibles et pourraient faire constater la présence de moins de trois millièmes de grisou(*). Malheureusement il n'est pas toujours possible de les utiliser.

En premier lieu, l'allongement de la flamme est difficile à observer, au moins lorsqu'il est faible, dans l'air toujours agité d'une galerie de mine, et dans les conditions de la pratique, toujours assez différentes de celles d'une expérience de laboratoire. Mais l'inconvénient le plus grave de ce procédé de constatation du grisou, c'est qu'il n'est qu'un procédé différentiel. Si l'on passe graduellement d'un air pur à un air tenant 3 à 4 p. 100 de grisou, après avoir fait un chemin plus ou moins long dans l'intérieur des travaux, on constatera bien un allongement de la flamme, mais il sera difficile d'affirmer que cet allongement tient bien à la présence du grisou et ne doit pas être attribué à d'autres causes, telles que la température plus élevée, la désoxygénation de l'air, etc., ou même simplement un mauvais réglage de la mèche. Le procédé n'est donc réellement applicable que pour constater, en un point particulier des travaux, les différences de composition que peuvent présenter les deux parties de la section de la galerie ou du chantier. Il est particulièrement commode pour explorer l'air contenu dans les cloches du toit, et l'on peut conclure jusqu'à un certain point de la présence plus ou moins abondante du gaz dans les cloches, à la proportion plus ou moins grande du grisou dans l'air des galeries.

(*) Cette sensibilité, à laquelle nous ne nous attendions pas, nous avait d'ailleurs été signalée par le savant ingénieur de Bességes, M. *Murgue*.

2° *Auréole bleue.*

Lorsque l'air contient une proportion de grisou comprise entre 6 et 17 p. 100, il est inflammable, c'est-à-dire que, même dans une atmosphère tranquille, l'inflammation provoquée en un point s'étend progressivement, avec plus ou moins de rapidité, à toute la masse.

Si la proportion est égale ou inférieure à 6 p. 100, une flamme ou un corps suffisamment chaud introduit dans le mélange n'y détermine l'inflammation que dans une zone plus ou moins large autour du corps chaud. Le mélange gazeux brûle encore, mais sa combustion ne peut se faire qu'avec le concours d'une chaleur externe.

La quantité de gaz brûlé ou, ce qui revient au même, la zone dans laquelle s'opère la combustion, est donc d'autant plus grande que le corps chaud dégage plus de chaleur dans l'unité de temps.

Supposons, par exemple, que dans un air contenant 5 p. 100 de grisou on introduise une lampe de mineur, la flamme blanche de la lampe se montrera surmontée d'une flamme bleuâtre. Cette flamme bleuâtre, que nous appellerons l'*auréole* pour la distinguer plus aisément, dans le langage, de la flamme de la mèche, aura seulement 2 à 3 centimètres de longueur au plus si l'on réduit la flamme de la mèche au minimum; elle pourra avoir plus de un décimètre si la flamme a la dimension ordinaire. En faisant baisser ou monter la mèche, on fait à volonté baisser ou monter l'auréole comme la flamme elle-même.

Voici les observations que nous avons faites sur ce phénomène, en plaçant dans la cage vitrée de notre appareil les lampes Mueseler et Davy.

Lampe Davy.

Proportion de grisou.	*Phénomènes observés.*
0,01	Aucun phénomène observable.
0,02	On ne voit aucune auréole lorsque la flamme a la dimension ordinaire, ou même lorsqu'elle a une dimension appréciable. Mais lorsqu'on a abaissé avec précaution la mèche, de manière que la flamme ne présente plus aucun point brillant, on distingue une petite auréole conique de 3 à 4 millim. de hauteur, d'un bleu très pâle, sauf à la base, où la teinte se fonce davantage. Il est nécessaire, pour cette observation et pour toutes les observations analogues où l'on doit pouvoir manœuvrer la mèche avec précision, d'opérer avec des mèches plates. Il est bon de tailler ces mèches légèrement en biseau de chaque côté, de manière que, lorsque la mèche est baissée, le point situé sur l'axe de la mèche disparaisse le dernier. De cette façon la flamme reste toujours dans l'axe, et l'on parvient plus aisément à la restreindre considérablement sans l'éteindre.
0,03	La flamme étant baissée au maximum et de manière à ne présenter aucun point brillant, on voit une auréole conique de 6 millim. environ de hauteur. Cette auréole peut prendre une hauteur double lorsqu'on donne à la flamme une intensité appréciable. Dès que la flamme devient quelque peu éclairante, l'auréole cesse d'être visible.
0,04	La flamme étant réduite à son minimum, l'auréole a environ $0^m,02$. A mesure qu'on monte la mèche, l'auréole augmente de hauteur, tout en restant très visible. Elle peut même aller toucher la toile horizontale qui ferme la lampe à la partie supérieure, lorsque la flamme a une hauteur de 0,01 environ.
0,05	Lorsque la flamme est baissée au minimum l'auréole a $0^m,02$ à $0^m,03$. L'auréole s'allonge rapidement lorsqu'on monte la mèche. La flamme ayant la hauteur normale, l'auréole a la hauteur même du cylindre de toile; elle reste cylindrique sur la plus grande partie de sa hauteur et s'évase un peu en arrivant à la toile horizontale supérieure.

0,06 La flamme devient très faible et peu éclairante. L'auréole l'enveloppe en quelque sorte, s'évase rapidement et, à une hauteur de $0^m,01$ à $0^m,02$ au-dessus de cette flamme, remplit complètement le cylindre de toile (*).

0,07 Les phénomènes sont à peu près les mêmes qu'avec 0,06.

0,08 La flamme disparaît entièrement. La flamme bleue du grisou remplit complètement le cylindre de toile. La mèche se rallume d'elle-même lorsqu'on fait arriver l'air frais.

0,09 La flamme disparaît encore; le gaz brûle dans le cylindre de toile, mais sur 0,03 à 0,04 de hauteur seulement. A la rentrée de l'air frais la mèche se rallume.

0,11 La flamme disparaît entièrement, et presque tout le cylindre se remplit d'une flamme bleue qui éprouve des espèces de trépidations. Ces trépidations sont dues à la faible valeur de la vitesse de propagation de la flamme. Celle-ci a quelque peine à remonter le courant d'air affluent, et la flamme est soumise à toutes les variations accidentelles de la vitesse d'afflux de l'air. La rentrée de l'air, même graduelle et ménagée, ne rallume pas la mèche.

0,14 Mêmes phénomènes.

0,145 La flamme de la mèche s'éteint; la flamme du gaz parcourt le cylindre de toile en remontant et vient s'arrêter à la hauteur où la toile du cylindre est doublée par celle du chapeau. Ce phénomène est manifestement dû à ce que la vitesse avec laquelle le gaz afflue dans la lampe est assez grande, là où la toile est simple pour ne pouvoir être remontée par la flamme. Celle-ci ne peut donc subsister à l'état stationnaire qu'au point où le doublement de la toile diminue la vitesse d'afflux de l'air.

0,154 Extinction de la flamme de la mèche. La flamme du gaz remonte lentement le cylindre et disparaît lorsqu'elle est arrivée en haut. Dans ce cas la vitesse de propagation de l'inflammation est assez faible pour qu'elle ne puisse nulle part remonter le courant d'air affluent. Le gaz ne peut donc continuer à brûler en aucun point.

(*) Dans la pratique, et avec une alimentation d'air qui ne serait pas restreinte comme dans notre appareil, nous pensons qu'avec cette proportion de grisou le cylindre de toile se remplirait de flamme sur toute sa hauteur.

0,175 Mêmes phénomènes.

Une proportion de 3 à 4 p. 100 d'acide carbonique ne modifie pas sensiblement les phénomènes précédents.

En résumé, la lampe Davy se comporte, dans le grisou, de trois façons différentes :

1° Dans les mélanges tenant moins de 6 p. 100 de grisou, la flamme de la mèche est surmontée par une flamme bleuâtre dont la longueur dépend à la fois de la proportion de grisou et de la hauteur de la flamme de la mèche; cette flamme bleuâtre ou auréole, qui a la hauteur même du cylindre de toile de la lampe pour une teneur en grisou égale à 0,05, est encore visible, quoique avec difficulté, pour une teneur égale à 0,02. Pour l'observer alors, il faut baisser la mèche avec précaution de manière à faire complètement disparaître toute la partie éclairante de la flamme. Toutefois il est probable que, dans les conditions de la pratique et dans la mine, l'auréole ne commence à être perceptible, la flamme de la mèche convenablement baissée, qu'à partir d'une teneur de 3 p. 100.

2° Pour des teneurs comprises entre 0,06 et 0,14, le cylindre de la lampe se remplit d'une flamme bleuâtre persistante, la flamme de la mèche disparaissant complètement ou à peu près complètement. Pour des teneurs inférieures à 0,11, la lampe se rallume d'ailleurs d'elle-même lorsqu'elle est reportée dans l'air frais. Pour des teneurs supérieures à 0,11, on ne peut plus compter avec sûreté sur ce rallumage.

3° Pour des teneurs supérieures à 0,14, la flamme de la mèche s'éteint; le gaz allumé d'abord dans l'intérieur de la lampe disparaît aussi après avoir remonté le cylindre de toile.

Comme indicateur de grisou, la lampe fonctionne surtout lorsque les teneurs sont inférieures à 0,06; *elle ne commence à ne donner d'indications un peu nettes que de* 0,02 *à* 0,03. *Il faut, avec ces faibles teneurs, commencer, avant l'observation, par baisser lentement la mèche de manière à faire disparaître la partie éclairante de la flamme.*

Lampe Mueseler (*).

PROPORTION de grisou. — *Phénomènes observés.*

0,02 La flamme de la mèche n'ayant plus de point éclairant, l'auréole du gaz a de 6 à 7 millim. de hauteur. Elle est certainement plus nette et plus visible qu'avec la lampe Davy; elle est aussi d'un bleu plus foncé quoiqu'encore un peu grisâtre.

0,03 La flamme n'ayant plus de point éclairant, l'auréole bleue, assez nette, a une hauteur de 7 à 8 millim. En levant graduellement la mèche, la flamme restant toujours très peu éclairante, on peut accroître l'auréole (*fig.* 3.) et faire que celle-ci vienne affleurer la base du cône métallique qui sert de cheminée à la lampe.

0,04 La flamme étant sans point éclairant, l'auréole vient affleurer la base du cône. Lorsqu'on lève la mèche, l'auréole augmente de hauteur et vient s'engager dans le cône.

0,05 La flamme ne présentant plus de point brillant, l'auréole bleue s'engage dans le cône. Cette auréole est encore très visible lorsque la flamme a sa hauteur normale, elle paraît alors cylindrique et s'engage en disparaissânt dans l'intérieur du cône.

0,06 La flamme normale s'allonge beaucoup ; elle éprouve des oscillations périodiques et le verre se couvre de buée. Lorsqu'on baisse la mèche de manière à faire disparaître la partie éclairante de la flamme, l'auréole embrasse complètement à sa base ce qui persiste de la flamme, puis va, en s'évasant, s'appuyer sur le bord même du cône (*fig.* 4).

0,07 Avec un débit d'air dans la cloche égal à 100 cent. cubes par seconde, on observe à peu près les mêmes phénomènes que précédemment.

Avec un débit égal à 200 cent. cubes par seconde, l'au-

(*) Les dimensions sont celles qui ont été fixées par l'ordonnance royale belge.

réole quitte en s'évasant davantage les bords du cône, monte jusqu'à l'anneau de toile horizontal, et la flamme sur laquelle se dirige les produits de la combustion de gaz s'éteint.

0,08 Extinction comme ci-dessus. Il arrive quelquefois que la flamme du gaz persiste plus ou moins longtemps au-dessous de l'anneau de toile en tournant assez rapidement dans l'espace annulaire limité latéralement par le cylindre de verre et le cône.

0,09 Mêmes phénomènes.

Les phénomènes ne sont pas modifiés d'une manière sensible par une teneur en acide carbonique égale à 3 ou 4 p. 100.

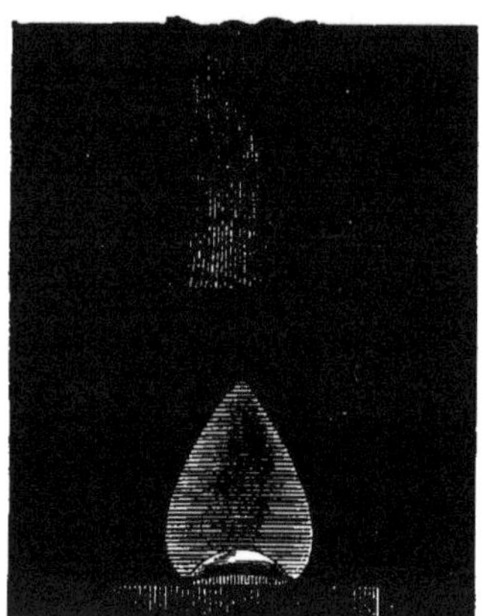

Fig. 3.

Fig. 4.

Il résulte de ces observations :

1° Que la lampe Mueseler commence à indiquer la présence du grisou, comme la lampe Davy, au moment où la teneur est égale à 0,02. L'auréole n'est alors visible, et avec quelque difficulté, qu'en supprimant la partie éclairante de la flamme.

Si l'on continue à supprimer la partie éclairante de la flamme, on voit :

A 0,03 une auréole de 7 à 8 millim. de hauteur;

A 0,04 une auréole dont l'extrémité vient affleurer la base du cône;

A o,o5 une auréole qui s'engage dans le cône ;

A o,o6 une auréole qui va, en s'évasant, s'appuyer sur le bord inférieur du cône.

2° Que la lampe Mueseler s'éteint pour une teneur égale ou supérieure à o,o6, c'est-à-dire pour une teneur qui donne à la vitesse de propagation de la flamme une valeur notable. C'est la teneur à partir de laquelle l'atmosphère devient détonante.

Nous devons ajouter qu'il résulte clairement de nos observations que, toutes choses restant identiques, la lampe Mueseler est un indicateur plus net, pour les teneurs inférieures, que la lampe Davy, contrairement à une opinion souvent exprimée, mais sans preuves à l'appui.

Le seul inconvénient qu'il faut reconnaître à la lampe Mueseler, employée comme indicateur, c'est qu'elle s'éteint assez rapidement lorsqu'on la porte dans un mélange d'une teneur supérieure à o,o6. C'est un inconvénient assez sérieux pour le maître-mineur chargé spécialement de la visite des endroits dangereux et qui doit explorer des cloches, etc., où la proportion de grisou peut être élevée. C'est la raison qui motive la tolérance que l'on peut accorder au maître-mineur de se servir d'une lampe Davy.

On voit que la lampe Davy, et mieux encore la lampe Mueseler, peuvent être, entre les mains d'ouvriers expérimentés, les plus précieux des indicateurs du grisou. Mais il est nécessaire qu'on sache s'en servir, et qu'il soit bien entendu que ces indicateurs ne sont sensibles qu'à la condition que l'on manœuvre préalablement la mèche de manière à supprimer à peu près complètement, sans arriver à l'extinction, la partie éclairante de la flamme de la mèche. L'auréole n'est visible, pour des teneurs inférieures à o,o3, qu'en employant cette précaution.

Indicateurs spéciaux du grisou.

On a vu, par ce qui précède, que pour constater, par l'auréole bleue, la présence du grisou, il faut, lorsque la teneur de ce gaz est faible, diminuer considérablement l'éclat de la flamme. Cet éclat est en effet très grand par rapport à celui de l'auréole et masque celui-ci entièrement à la vue. Mais en diminuant l'éclat de la flamme on diminue la quantité de chaleur qu'elle développe et, par conséquent, aussi la hauteur de l'auréole, qui devient invisible pour les faibles teneurs.

On a proposé de remédier à cet inconvénient en regardant la flamme et l'auréole à travers un verre bleu qui devrait arrêter les rayons émis par la flamme en laissant passer ceux qu'émet l'auréole. Nous avons expérimenté ce procédé qui ne nous a donné aucun résultat. Il est d'ailleurs aisé de comprendre qu'il en doit être ainsi, car le verre bleu absorbe presque complètement la faible lumière bleue émise par l'auréole, tout en laissant passer une fraction relativement considérable des rayons intenses qu'émet la flamme.

Nous avons d'abord pensé à remplacer la flamme de la lampe par une flamme chaude, mais non éclairante, telle que celle de l'hydrogène. Les essais faits dans le laboratoire ont été très satisfaisants, et nous avons pu constater ainsi avec certitude la présence de 1/4 p. 100 de grisou dans l'air qui entretenait la combustion. Nous avons construit, d'après ce principe, un appareil semblable aux briquets à hydrogène. La flamme de l'hydrogène, allumée par de la mousse de platine, venait brûler dans le cylindre d'une lampe Mueseler. Ce cylindre, au lieu d'être en verre, était en métal et percé seulement d'une monture cylindrique. Cette monture était fermée par une loupe au moyen de laquelle on pouvait observer la flamme avec plus de précision.

Malheureusement il n'est point aisé de produire l'hydrogène dans un appareil portatif, car les oscillations du liquide troublent considérablement le dégagement gazeux. L'appareil présente d'ailleurs quelque complication ; il faut manœuvrer la mousse de platine et tourner un robinet difficile à préserver des vapeurs acides. Bref, il nous a paru qu'un indicateur ainsi construit offrirait bien des inconvénients dans la pratique courante.

Nous avons songé alors à nous servir de la flamme de l'alcool. Nous avons obtenu une sensibilité moindre qu'avec la flamme de l'hydrogène, mais suffisante encore pour permettre de constater la présence de 1/2 p. 100 de grisou en employant une mèche formée de brins de fils de laiton. Mais la combustion de l'alcool est difficile à régler avec la précision suffisante, et il faudrait un vase assez volumineux pour contenir le liquide qui devrait entretenir la combustion pendant plusieurs heures.

Nous songeâmes alors à revenir à la lampe ordinaire du mineur en cachant, par un écran placé en avant, la flamme de la mèche tout en laissant visible l'auréole qui la surmonte. Ce moyen, qu'avaient d'ailleurs indiqué à la commission MM. **Delon** frères, ne nous a point donné d'avantage sérieux, car si l'écran empêche l'œil de recevoir directement les rayons émis par la flamme de la mèche, il n'empêche pas que l'espace sur lequel se projette la lumière de l'auréole, ne soit éclairé par cette flamme, et assez vivement pour que la lueur de l'auréole reste encore invisible.

Nous avons alors remédié à cet inconvénient en plaçant un autre écran derrière la flamme, de manière que l'auréole vienne se projeter, pour l'œil de l'observateur, sur un fond complètement noir.

L'appareil très simple auquel nous nous sommes arrêtés, après quelques tâtonnements, consiste essentiellement en deux lames métalliques inclinées en sens opposés et placées l'une en avant, l'autre en arrière de la flamme. Ces deux lames sont fixées à leur partie inférieure sur un cercle de laiton qu'on enfile dans le porte-mèche. Les arêtes supérieures des deux lames sont parallèles et laissent entre elles un écartement de 8^{mm}. Elles sont à une hauteur de 8^{mm} au-dessus de la partie supérieure du porte-mèche.

Lorsqu'on veut se servir de la lampe pour s'éclairer, il suffit de donner à la mèche sa hauteur ordinaire, la flamme dépasse beaucoup l'arête supérieure des deux écrans et éclaire d'une façon assez satisfaisante, quoique un peu moins que dans les conditions habituelles.

Lorsqu'on veut se servir de la lampe comme indicateur, on abaisse la flamme jusqu'à ce qu'en faisant passer le rayon visuel par les arêtes supérieures des deux écrans, celle-ci soit complètement invisible.

Quand cette condition est remplie, on distingue, avec une teneur en grisou de 1/2 p. 100, une auréole assez nette, mais qui passe inaperçue si l'on n'a pas acquis préalablement une assez grande habitude de ce genre d'observation.

Avec 1 p. 100 l'auréole est très visible et peut avoir 2 à 3^{mm} de hauteur.

Avec 2 p. 100 l'auréole a une couleur bleue plus foncée et une hauteur un peu plus grande.

Avec 3 p. 100 l'auréole est encore plus bleue et plus haute.

On peut, avec quelque habitude, *en se réglant surtout sur l'intensité de la teinte bleue de l'auréole*, arriver à reconnaître à 1/2 p. 100 près la proportion de grisou contenue dans l'air.

La présence de 3 ou 4 p. 100 d'acide carbonique ne modifie en rien les indications.

On peut rendre l'observation plus nette en regardant la flamme avec une loupe peu grossissante. On améliore aussi les conditions de visibilité de l'auréole en noircissant, du côté opposé à l'observateur, le verre de la lampe Mueseler, ou en le tapissant d'un drap noir comme l'a fait M. l'ingénieur en chef Castel à Saint-Etienne. Il est encore préférable, comme l'a fait M. Cosset-Dubrulle, fabricant de lampes à Lille, de placer derrière l'indicateur un écran métallique noirci qui épouse la forme du cylindre de verre. L'indicateur, tel qu'il est construit par M. Cosset-Dubrulle, a alors la forme représentée dans les *fig.* 5 et 6.

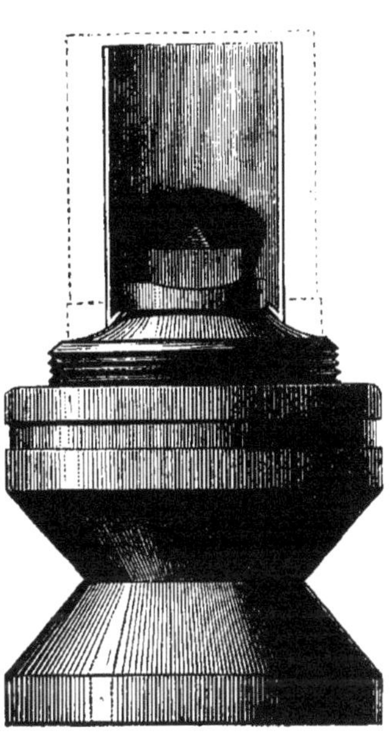

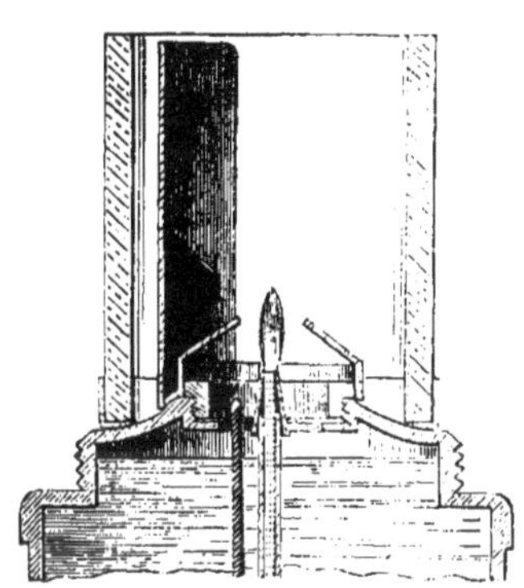

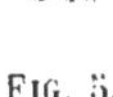

FIG. 5. FIG. 6.

Les indicateurs que nous venons de décrire ont été essayés dans l'intérieur de diverses mines à grisou. L'un de nous l'a expérimenté dans une mine du Nord. Il a pu constater ainsi, dans une galerie de retour d'air, la présence certaine du grisou. Il avait conclu à une teneur d'environ 2 p. 100. L'air, recueilli par l'ingénieur de la mine et analysé au laboratoire, a été trouvé contenir 1,45 d'hydrogène protocarboné. La présence du grisou dans la galerie était impossible à constater à la lampe, et même niée par le personnel de la mine.

L'indicateur a été essayé à Saint-Étienne par les soins de MM. Castel, Meurgey, Chansselle et d'autres ingénieurs du bassin. Les expériences ont montré de la façon la moins douteuse qu'on pouvait, avec notre appareil, constater des proportions de grisou que ne décèle pas la lampe ordinaire.

On est arrivé aux mêmes conclusions à Bessèges et à Anzin. Les résultats ont été négatifs à Blanzy, mais il est présumable qu'il y a eu quelque chose de défectueux dans les essais, ou que ceux-ci n'ont pas été poursuivis assez longtemps.

On a vu qu'avec la lampe Davy ou la lampe Muescler, mais préférablement avec cette dernière, on peut constater, avec quelque expérience et un peu de soin, 3 p. 100 de grisou. Cela nous paraît suffisant dans la pratique courante.

Mais il est important, dans bien des cas, de constater la présence du gaz, même lorsqu'il est en proportion inférieure à 3 p. 100. C'est ainsi qu'il y a le plus grand intérêt à étudier, à des époques fixes et le plus souvent possible, les galeries de retour d'air, car l'analyse de l'air qui les parcourt est le moyen le plus sûr de se rendre compte de l'état de la mine au point de vue du dégagement du grisou. Or, dans ces galeries, l'état de la mine serait des plus fâcheux si la proportion de grisou était égale ou supérieure à 3 p. 100. Nous croyons que, dans ce cas, l'indicateur pourra rendre des services réels.

Conclusions.

En résumé, nous croyons que le mineur peut toujours être renseigné exactement sur la quantité de grisou que contient l'air de la mine en un point donné, par les phénomènes rassemblés dans le tableau suivant qui sera la conclusion naturelle de notre travail.

PROPORTION de grisou.	
1 p. 100	L'indicateur montre une petite auréole d'un bleu très pâle. La flamme de la lampe s'allonge légèrement, de 2 à 3 millim. On peut apprécier exactement cet allongement avec la lampe Mueseler en faisant affleurer la flamme, dans l'air pur, à la base du cône.
2 p. 100	L'indicateur montre une petite auréole d'un bleu assez foncé. La flamme de la lampe s'allonge de 5 à 6^{mm} environ. En baissant la mèche de manière à ne plus apercevoir de point brillant dans la flamme, on voit celle-ci surmontée d'une petite auréole bleue très peu visible.
3 p. 100	L'indicateur montre une auréole d'un bleu foncé. La flamme de la lampe s'allonge de 10^{mm} environ. En baissant la mèche de manière à ne plus apercevoir de point brillant dans la flamme, on voit celle-ci surmontée d'une auréole bleue peu visible de 6^{mm} de hauteur environ.
4 p. 100	L'indicateur devient inutile. La flamme s'allonge de 20^{mm} environ. La flamme étant baissée de manière à n'être plus éclairante, on la voit surmontée par une auréole de 20 à 30^{mm} de hauteur.
5 p. 100	L'indication donnée par l'allongement de la flamme devient superflue. La flamme ayant sa hauteur normale, l'auréole bleue qui la surmonte a, *dans la lampe Davy*, une hauteur de 10^{cm} et plus.

Dans la lampe Mueseler, l'auréole est cylindrique et s'engage dans l'intérieur du cône où elle disparaît.

6 p. 100 Le cylindre de toile de la lampe Davy se remplit de flamme.

Dans la lampe Mueseler, l'auréole bleue s'évase en haut de manière à venir épouser le contour de la base du cône.

7 p. 100 La lampe Davy se remplit de flamme.

La lampe Mueseler s'éteint.

www.ingramcontent.com/pod-product-compliance
Ingram Content Group UK Ltd.
Pitfield, Milton Keynes, MK11 3LW, UK
UKHW020224180726
13838UKWH00005B/2166